庄婧 著　　大橘子 绘

九州出版社
JIUZHOUPRESS

图书在版编目（CIP）数据

这就是天气 . 2，这就是雨 / 庄婧著 ；大橘子绘
. -- 北京 ：九州出版社，2021.1
ISBN 978-7-5108-9712-2

Ⅰ . ①这… Ⅱ . ①庄… ②大… Ⅲ . ①天气－普及读
物 Ⅳ . ① P44-49

中国版本图书馆 CIP 数据核字 (2020) 第 207926 号

目录

什么是雨

嗨，我是一个小雨滴！

我很渺小，却无处不在。

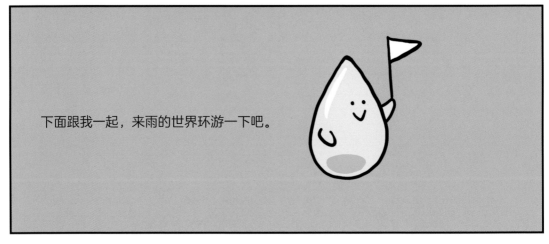

下面跟我一起，来雨的世界环游一下吧。

大家以为我是从天上来吧？
也对，也不对 。

水面蒸发的水汽，升腾至空中，成云致雨，再汇入江河湖海，循环往复。

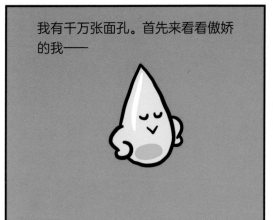

我有千万张面孔。首先来看看傲娇的我——

不是我吹嘘，从古到今，你们人类绝对离不开我。

古代人类的祖先靠天吃饭，不下雨的时候，他们只能祈求上天，盼我出现。

春季北方有"春雨贵如油"的说法，诗歌里的"随风潜入夜，润物细无声"中，满满都是对我的喜爱和认可。

万物生长，皆离不开雨。
人们希望的生活就是风调雨顺，丰衣足食。

我既是《本草纲目》中记载的天水，
也是文人墨客最钟爱的饮茶绝配——无根水。

降雨过少会引发持续的干旱甚至动乱。古人认为我是上天的恩赐，所以不下雨时，只能祈求上天。甚至还有皇帝发罪己诏，说不下雨是因为他们无德什么的，咳，其实你们古人啊，想多了。

雨是怎样形成的

地球表面有 71% 是水面。
这里既是我的起点，也是
我的终点。

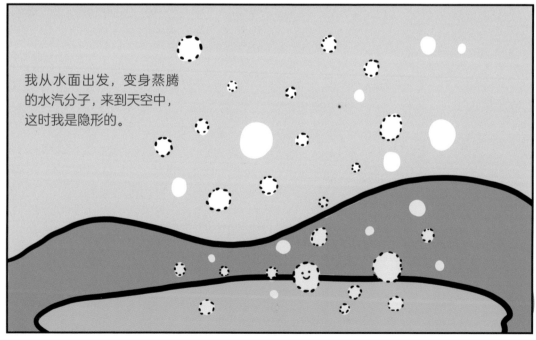

我从水面出发，变身蒸腾
的水汽分子，来到天空中，
这时我是隐形的。

你们已经知道了，越往高空温度越低，这时我就开始显形了。

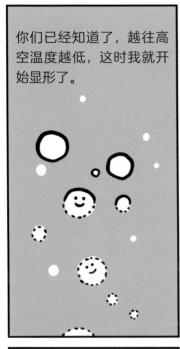

我变成了微小的水滴，又渐渐变成云。

越来越多的水汽宝宝显形变成小水滴，我们抱在一起，云越来越大。

水滴还在不停增加，云越来越大，也越来越黑。

当空气再也无法托住我们时，我们就变成雨倾泻而下。

雨落到地面，进入土壤或变成小溪流，最后我们又回到了江河湖海，完成了我们的一生。

雨之最

我喜欢去的地方和不喜欢去的地方，差别就会非常大。
你知道世界的雨极吗？印度东北部的乞拉朋齐，几乎天天都下雨，人们只要提个桶出门，连水都是现成的。

这里的年降水量相当于北京 42 年内的降水量总和！
这是因为它地处喜马拉雅山麓的迎风坡，充沛的水汽汇集于此，太容易下雨了。这就是所谓的地形雨。

把水汽都给你带来了

暖空气

迎风坡

因为多雨，经常会有洪水等气象灾害发生，因此木船成为了人们主要的交通工具。
雨极离海洋很近，这很好理解。那你知道其实干极离海洋更近吗？

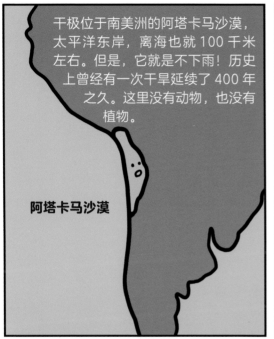

干极位于南美洲的阿塔卡马沙漠，太平洋东岸，离海也就 100 千米左右。但是，它就是不下雨！历史上曾经有一次干旱延续了 400 年之久。这里没有动物，也没有植物。

阿塔卡马沙漠

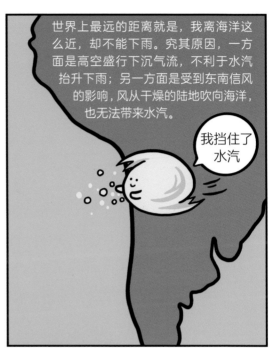

世界上最远的距离就是，我离海洋这么近，却不能下雨。究其原因，一方面是高空盛行下沉气流，不利于水汽抬升下雨；另一方面是受到东南信风的影响，风从干燥的陆地吹向海洋，也无法带来水汽。

我挡住了水汽

还有一个神秘的黑手，那就是太平洋沿岸强大的秘鲁寒流，也阻挡了下雨，加剧了干旱。

秘鲁寒流

虽然少雨，但是当地多雾，人们就利用捕雾网来获得珍贵的水，这真的是无根水呢！

中国的雨极在台湾北部的火烧寮——听上去跟雨没啥关系，但它地处山坡，面向大海，所以容易形成地形雨。

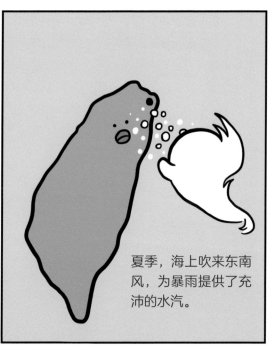

夏季，海上吹来东南风，为暴雨提供了充沛的水汽。

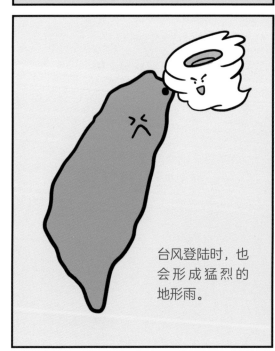

台风登陆时，也会形成猛烈的地形雨。

即便是在冬季，东北风仍来自海上，带着水汽，可以形成降雨。其附近的日本暖流也是幕后推手之一。

中国的干极在新疆托克逊，地处内陆，离海洋非常远，海拔比较低，位于吐鲁番盆地——对，就是《西游记》里火焰山那一带。

托克逊

四周高山耸立，水汽难以到达。

下雨非常稀少，蒸发量巨大，入不敷出。

雨的量级

降雨量的单位是毫米——什么，这不是长度单位吗？
从天空中降落的雨水，被收集到雨量筒中，然后倒出到量杯中，便得到了降雨量，单位为毫米。

1 毫米听上去很小对不对？我们具体来看一下，到底有多大。
1 毫米降雨量指单位面积上积水深度为 1 毫米，也就是每平方米积水 1 毫米。

1米　1米

放到容器里的话，可以装满两个 500 毫升的矿泉水瓶呢。
如果扩大到全国范围内，会得到多少水呢？可以供 1 亿人用两个半月！

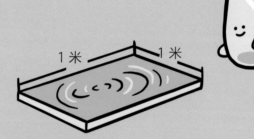

小雨：气象上把 24 小时降水量在 10 毫米以内的降雨称为小雨。

中雨：气象上把 24 小时降水量在 10 毫米以上、25 毫米以内的降雨称为中雨。

大雨：气象上把 24 小时降水量在 25 毫米以上、50 毫米以内的降雨称为大雨。

暴雨：气象上把 24 小时降水量在 50 毫米以上、100 毫米以内的降雨称为暴雨。

大暴雨：气象上把 24 小时降水量在 100 毫米以上、250 毫米以内的降雨称为大暴雨。

特大暴雨：气象上把 24 小时降水量在 250 毫米以上的降雨称为特大暴雨。

暴雨 ≠ 暴力降雨

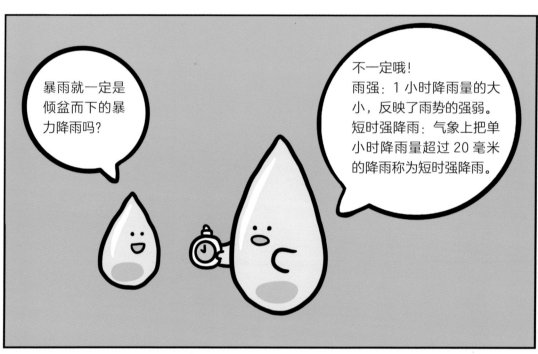

暴雨就一定是倾盆而下的暴力降雨吗？

不一定哦！
雨强：1小时降雨量的大小，反映了雨势的强弱。
短时强降雨：气象上把单小时降雨量超过20毫米的降雨称为短时强降雨。

所以1小时下2~3毫米，感觉上很小，累计下来也可能是暴雨。

1小时下了20多毫米，很快就停了，虽然有短时暴雨的错觉，累计起来可能只是一场中雨。
这就是数据统计和人体感知之间的误差，也是我们经常觉得不合理的地方。

各地方会发布相应的暴雨预警信号。暴雨预警信号往往分为四级，分别以蓝色、黄色、橙色和红色来表示。其中红色预警是最严重的级别。

红色预警发布时，停课停业，尽量待在室内，山区需防范山洪、泥石流、滑坡等灾害。

汛期和其成因

汛是指水盛的样子。
汛期就是指一年中，河水规律性显著上涨的时期。汛期河流水位升高。
汛期不等于水灾，但是水灾一般都发生在汛期。

每年我国的汛期都是从南方到北方依次拉开序幕。
汛期到来，也意味着年内最多雨的时期来了。

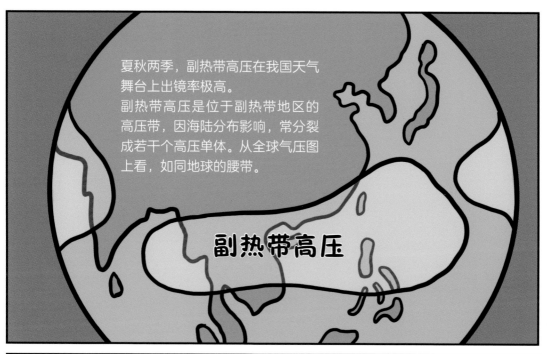

夏秋两季，副热带高压在我国天气舞台上出镜率极高。

副热带高压是位于副热带地区的高压带，因海陆分布影响，常分裂成若干个高压单体。从全球气压图上看，如同地球的腰带。

副热带高压

对我国影响最多的，是位于西北太平洋上的副高单体，也就是西北太平洋副热带高压。

它常年存在，主体稳定少动、深厚，而且是暖性的、庞大的天气系统。

副高掌控区域内，多盛行下沉气流，晴朗少雨、高温干燥就成为常态。
副高边缘则是水汽带，也是降雨最鼎盛的区域。

副热带高压

它既可以带来中高温炎热，又能制造降雨，是夏季天气系统中当之无愧的大牛。

副热带高压

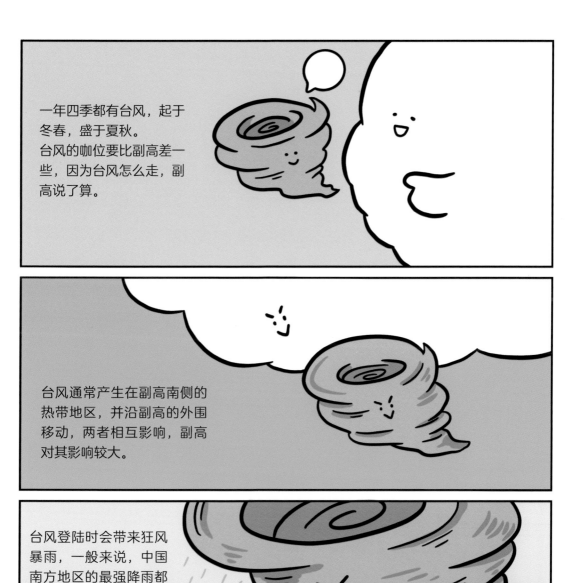

一年四季都有台风，起于冬春，盛于夏秋。
台风的咖位要比副高差一些，因为台风怎么走，副高说了算。

台风通常产生在副高南侧的热带地区，并沿副高的外围移动，两者相互影响，副高对其影响较大。

台风登陆时会带来狂风暴雨，一般来说，中国南方地区的最强降雨都与台风有关。

一年四季，我国雨季自南向北推进，多少都离不开副高的安排。

副高负责主体进度，台风负责锦上添花——当然，有时也是雪上加霜。

4~6月

副高开始开疆拓土，势力范围延展，外围的雨带开始波及华南，华南雨季开始。

6月下旬

副高北上，长江中下游迎来梅雨期。

7~8月

副高发力北跳，8月初，副高位于一年中最北端，可波及华北甚至东北。华北东北雨季开启。

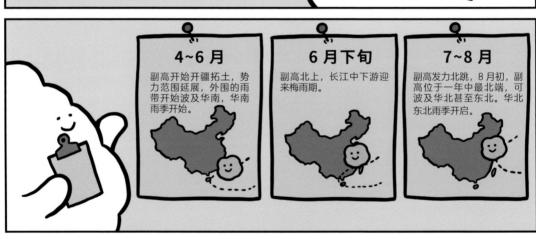

8月中旬

台风趋强，副高再度南落，雨带回归南方。

7~9月

华南进入台风多雨期，也是年内第二个多雨时段。

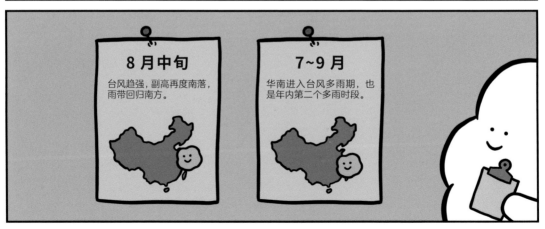

华南前汛期

广东、广西、福建等地一年中的第一个多雨时段，主要指从 4~6 月，期间多是由冷暖空气交汇形成的强降雨。

4 月，北方仍有冷空气南下，有时会翻过南岭，影响到华南，激发强降雨。
此时，来自海上的暖湿空气日益增强，冷暖空气频繁交汇下，强降雨频繁出现。

而势均力敌的冷暖空气，可能造就稳定、充沛的强降雨。
5 月中旬，南海西南季风爆发，此时强降雨进入鼎盛时段。

龙舟水

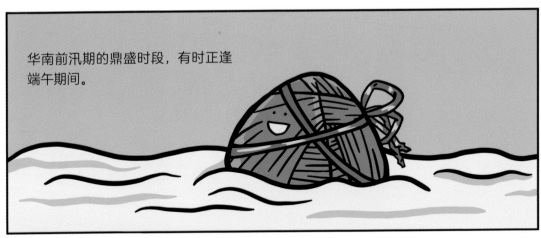

华南前汛期的鼎盛时段，有时正逢端午期间。

充沛的降雨，使得河流水位明显上涨，十分利于龙舟活动进行。

这是年内最多雨、河流水位最高的时候，也是最危险的时候。

梅雨

江南一带梅子上市时，雨季也开始了，所以有"梅雨"的叫法。

梅雨：6月中下旬，副高北抬到北纬19度附近，且较为稳定，主要雨带维持在长江中下游一带，阴雨绵绵，不时出现大雨或暴雨，是东亚地区独特的气候现象，主要受季风影响显著所致。

梅雨是我国雨带向北移动过程中的重要一环。
每年梅雨开始和结束的早晚、时间的长短、梅雨的强弱等，都有较大的差异。

梅雨时期，人们往往会感慨"问世间晴为何物，直叫人晒不干衣裤"。

不光我国长江中下游到台湾一带，日本中南部还有韩国南部也有梅雨。

北方雨季

7~8 月，华北、东北陆续进入雨季。

此时副高强势北上，来到一年中最北的位置，主体仍在海上，但边缘雨带波及华北甚至东北。

华北雨季的强盛时期在 7 月下旬到 8 月上旬，俗称"七下八上"，这是主汛期强降雨最集中的时段。

也是让我们最七上八下、最担心的时候。

2012 年北京 7 月 21 日的那场特大暴雨，正是在这个时候。范围广、累计雨量大、单小时雨强突出，至今令人心有余悸。

冷暖空气交汇，且西南暖湿气流异常强盛，此时空气湿度饱和，是形成暴雨有利的先天条件。

北京西部和北部的山区地形，使得水汽爬升，是形成暴雨有利的后天条件。

东部还有高压阻挡，延长了暴雨的持续时间。城市热岛效应，也是加大雨量的可能因素。

华南后汛期

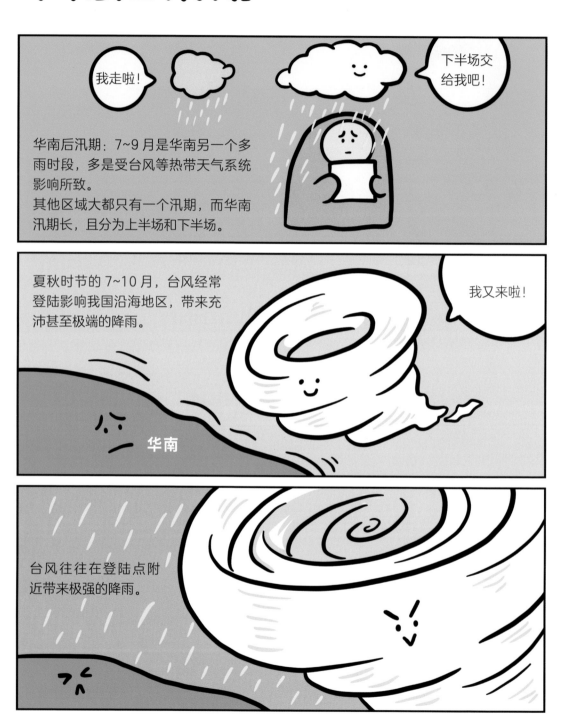

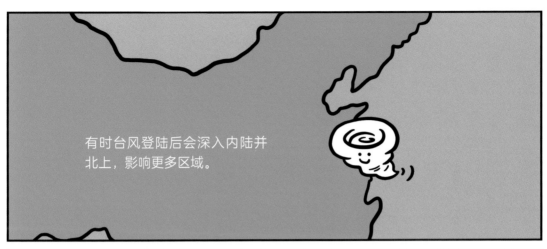

有时台风登陆后会深入内陆并北上，影响更多区域。

在北方内陆地区，如河南等地，最强单日降雨往往与台风有关。

台风进入内陆，相当于移动的水箱。
一旦与适当强度的冷空气相遇，势均力敌下，可激发强降水。
沿海地区面对台风都比较淡定。内陆地区尽管遇到台风的机会少，也不能忽视预警。

正确认识雨

3月、4月的江南，细雨蒙蒙，美得不得了。
这时候的雨，虽然频繁，但通常都不大，下得也温柔。
这时天气冷暖相宜，空气温润，舒服极了。

江西的4月，正是一年当中最频繁多雨的时候。

影响雨的因素有很多，人类活动便是其中一个。

全球变暖的背景下，厄尔尼诺现象发生的年份，有的地方暴雨会增多，而有的地方干旱会加剧。

你需要了解一些安全常识，如涉水行车。

在雷雨天里

不要树下避雨。

不要接打手机。

学会使用雷达图来判断雨带走向。

词汇表

地形雨：湿润气流遇到山脉等高地阻挡时被迫抬升，而气温降低形成的降水，对改变局部小气候有重要影响作用。

雨强：1 小时降雨量的大小，反映了雨势的强弱。

短时强降雨：气象上把单小时降雨量超过 20 毫米的降雨称为短时强降雨。

副热带高压：在南北半球的副热带地区出现的暖性高压系统，是影响中国大陆天气的主要天气系统。

华南前汛期：广东、广西、海南、福建等地一年中的第一个多雨时段，主要指从 4 月到 6 月，多是冷暖空气交汇的强降雨。

梅雨：6 月中下旬，副高北抬到北纬 19 度附近，且较为稳定维持，主要雨带维持在长江中下游一带，阴雨绵绵，不时出现大雨或暴雨，是东亚地区独特的天气气候现象，主要是季风影响显著所致。

华南后汛期：7 月到 9 月是华南另一个多雨时段，多是受到台风等热带天气系统影响所致。